晕头不转向

辨别方位

贺 洁 薛 晨 ◎著　 哐当哐当工作室 ◎绘

U0240912

数学的
萌芽

北京科学技术出版社

　　美丽鼠喜欢美术课和体育课，学霸鼠喜欢数学课和体育课，倒霉鼠喜欢音乐课和体育课，勇气鼠喜欢语文课和体育课。

　　鼠宝贝们都喜欢体育课！

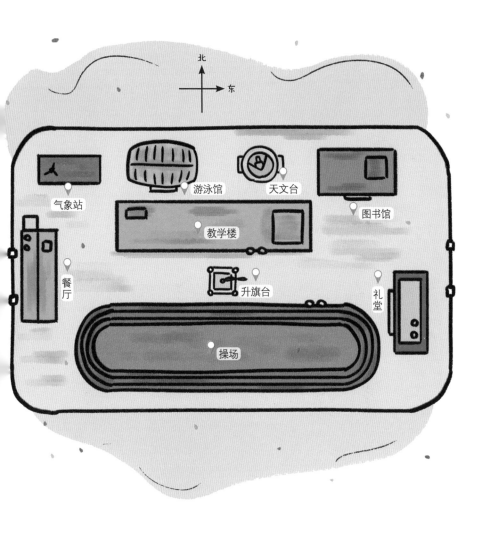

这是学校的平面示意图。游泳馆在上边，操场在下边。
体育课一般在操场或游泳馆上。

前　←　后

　　今天上午的第四节课是体育课。第三节课的下课铃一
响，勇气鼠就叫上捣蛋鼠和懒惰鼠向操场跑去。

　　勇气鼠跑得最快，在最前面，捣蛋鼠跟在勇气鼠后面，
谁落在最后呢？当然是懒惰鼠了！

一般我们用来拿筷子、拿笔写字的手是右手，另外一只手就是左手。用右手指指自己的右耳，再跺跺自己的左脚吧！

　　勇气鼠跑到操场后发现：左边的沙坑平平整整，右边的篮球场空无一人。肌肉鼠老师怎么还没来？

捣蛋鼠气喘吁吁地赶了过来："勇气鼠，你跑得太快了！刚才我就想问你——"捣蛋鼠还没说完。

懒惰鼠也追上来了，他看到沙坑立刻就躺倒了。

　　"来操场做什么？这节体育课在游泳馆上，我们快迟到了。"捣蛋鼠说。

　　"啊?！"三个小伙伴连忙向游泳馆跑去。

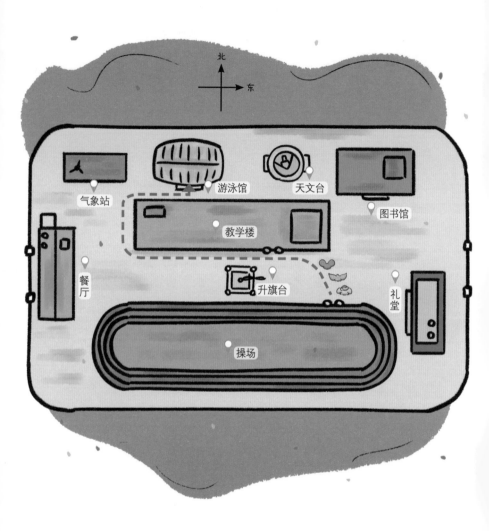

从操场跑到游泳馆大约需要 10 分钟。勇气鼠他们出了
操场先向左转，跑到路口再向右转，看到气象站再向右转。
终于，他们踩着上课铃声到了游泳馆。

里　外

"还不赶快去换衣服？"鳄鱼教练严厉地说。
勇气鼠他们赶紧跑向游泳馆里的更衣室。

　　下水游泳前，鳄鱼教练让同学们在泳池边排成一排做热身运动。

　　"向中看齐！从左到右，依次报数！"鳄鱼教练发出指令。

"1！"队伍两端的学霸鼠和美丽鼠同时喊道。

学霸鼠想的是：自己是鳄鱼老师的左手方向的第一位。

美丽鼠想的是：自己在队伍的最左边。

　　"哪儿来的两个'1'？"一向严肃的鳄鱼教练笑了，"报数前，要先确定指令中的左与右。不妨我们约定从你们队伍最左边的那位同学开始报数。"

鼠宝贝们再次从左到右报数。"1！""2！"……
此时，学霸鼠又在思考……

　　"我从游泳馆回教学楼，到了路口需要向左转；如果从图书馆回教学楼，到了路口却要向右转。尽管去的是同一个地方，但由于出发的地点不同，有时需要向左转，有时需要向右转。"学霸鼠想。

第②名

第①名

第〇名

第〇名

第〇名

第〇名

"各就各位！预备——开始！"鳄鱼教练的声音把学霸鼠的思绪拉了回来。鼠宝贝们在各自所在的泳道快速向前游去。

勇气鼠游在最前面，美丽鼠紧随其后，其他鼠宝贝的排名呢？

上完游泳课，懒惰鼠只想去一个地方——餐厅！餐厅
在游泳馆的什么方向呢？

懒惰鼠站在游泳馆门口，看着墙上的平面示意图。

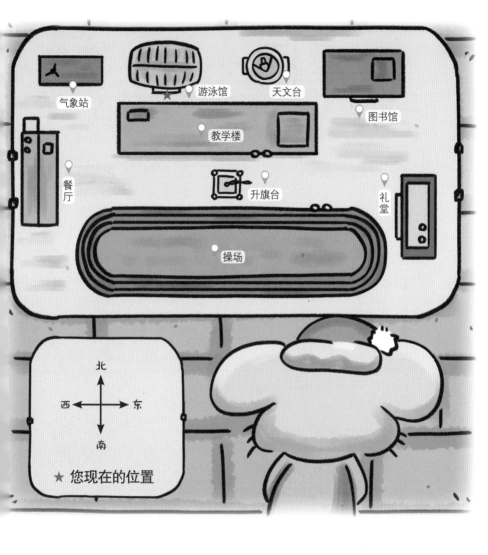

气象站 　游泳馆 　天文台 　图书馆 　教学楼 　餐厅 　升旗台 　礼堂 　操场

北
西　东
南

★ 您现在的位置

　　通常，我们绘制平面示意图时，以上方为北，以下方为南，以左面为西，以右面为东。这就是大家常说的"上北下南左西右东"。

餐厅

图书馆

礼堂

北
西北 东北
西 东
西南 东南
南

　　懒惰鼠想起鼠老师曾说过："一般情况下，我们把像这样在南和西之间的方向叫作西南方。以此类推，还有东南方、东北方和西北方。"

　　如果懒惰鼠站在游泳馆门口，那么餐厅就在游泳馆的西南方。如果懒惰鼠站在餐厅门口，那么游泳馆就在餐厅的东北方。

　　懒惰鼠在餐厅吃完午饭，想去图书馆借书。图书馆在餐厅的什么方向？懒惰鼠应该怎么走呢？

游泳馆　天文台
图书馆
教学楼
升旗台　礼堂
操场

　　再看看捣蛋鼠，他正抱着大提琴站在教学楼前。他要去礼堂演出，该往哪个方向走呢？

　　生活中，我们还可以根据太阳的位置判断方向——清晨，太阳从东方升起；傍晚，太阳在西方落下。

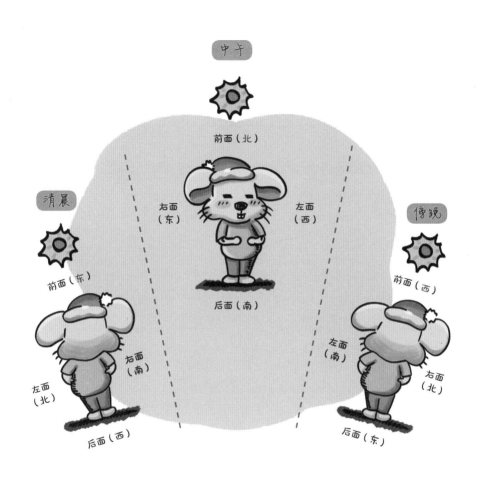

中午

清晨

傍晚

前面（北）

右面（东）　　左面（西）

后面（南）

前面（东）

右面（南）

左面（北）

后面（西）

前面（西）

左面（南）

右面（北）

后面（东）

懒惰鼠在一天中的不同时间，站在操场上看太阳，锻炼自己的方向感。

位置与方向

 校园平面示意图

　　运用在故事中学到的知识，画出你的学校的平面示意图吧！

 晕头不转向

　　和好朋友一起，站在学校操场上，指一指东、南、西、北。